Jörg Matthée

Rettet das Klima!

Das Büchlein

Dieses kleine Buch ist ein dringender Appell zur Rettung des Klimas und damit der Menschen. In 55 Punkten wird auf 24 Seiten der Zusammenhang zwischen unseren alltäglichen Geldausgaben und dem Klimawandel punktgenau und mit vielen Beispielen erklärt. Es ist eine Aufforderung, auch die Sprache des Geldes zu sprechen, denn viele Mächtige, seien es Banker, Industrielle oder Minister, verstehen keine andere Sprache. Wenn wir die hier aufgezeigten Zusammenhänge beherzigen, besteht Hoffnung auf Besserung für unsere Erde und uns Menschen. Ein bewusstes Leben mit Verantwortung verspricht zudem mehr Sinn in unserem Leben. Im Nachwort beleuchtet der Autor die vom Klimawandel aufgeworfene Frage, welche Freiheit wir zukünftig schützen wollen.

Auch für Fortbildung und Unterricht geeignet.

Der Autor

Jörg Matthée ist Familienvater, Psychologe, Soziologe und Pädagoge. Sein Buch *Tipps für Eltern von A bis Z - Ein kleines Erziehungsratgeber-Lexikon* wurde 2015 für den Indie-Autor-Preis der Leipziger Buchmesse nominiert. Der letzte Satz dieses Buches lautet: *Unsere Kinder sind ein Teil der Zukunft. Deshalb sollten wir die Kinder und die Welt, in der sie leben, so behandeln, dass die Kinder und die Welt eine Zukunft haben.*

Der Autor verzichtet für dieses Büchlein auf sein persönliches Honorar, weil er am Klimawandel kein Geld verdienen möchte.

Kontakt: joerg.matthee@t-online.de

Jörg Matthée

Rettet das Klima!

Der Inhalt dieses Buches wurde vom Autor sorgfältig erwogen und geprüft, dennoch kann keine Garantie übernommen werden. Eine Haftung des Autors für Personen-, Sach- und Vermögensschäden wird ausgeschlossen.

Bibliografische Information der Deutschen Nationalbibliothek: Die Deutsche Nationalbibliothek verzeichnet diese Publikation in der Deutschen Nationalbibliografie; detaillierte bibliografische Daten sind im Internet über http://dnb.dnb.de abrufbar.

© 2019 Jörg Matthée

Umschlagfoto: burning sky von PolaRocket/photocase.de

Herstellung und Verlag: BoD – Books on Demand, Norderstedt

ISBN: 978-3-7494-6499-9

Inhalt

Einleitung

Erde/Menschheit

Die Erde besteht seit etwa 4,5 Milliarden Jahren und wird wohl auch mit weiteren Eis- und Heißzeiten fortbestehen. Wir Menschen jedoch werden nicht mehr lange überleben, wenn wir so weitermachen wie bisher.

Klimawandel

Die weltweit anerkanntesten Klimawissenschaftlerinnen und Klimawissenschaftler haben eindeutig und zweifelsfrei nachgewiesen, dass der Klimawandel zum größten Teil menschengemacht und bedrohlich für den Fortbestand der Menschheit ist.

Macht statt Ausreden

„Alleine kann ich doch nichts ändern..." ist die meist benutzte Ausrede dafür, sein klimaschädliches Verhalten nicht ändern zu müssen. Der folgende Text zeigt stattdessen, welche Macht wir haben, einzeln und gemeinsam.

55 Punkte, wie wir gemeinsam den Klimawandel stoppen können

Geld oder Geld?

1. Geld regiert die Welt.

2. Geld alleine kann nicht regieren - ohne Menschen vermodert es in der Kiste.

3. Es sind Menschen, die mit Geld die Welt regieren. Das ist unsere Chance.

4. Genauer gesagt: alle Menschen, wir alle (zugegeben manche mehr und manche weniger) regieren mit Geld die Welt. Das bedeutet, dass wir Menschen alle mit dem Geld, das wir haben, über die Welt mitbestimmen können.

5. Auf diese Weise können wir, kann jede mit ihrem Geld und kann jeder mit seinem Geld mitgestalten, ob die Erde, die Welt und wir Menschen auf der Erde eine Zukunft haben oder nicht.

6. Wir wählen täglich, für was wir unser Geld ausgeben. Wir stimmen damit täglich darüber ab, wie die Welt ist.

Banken oder Banken?

7. Wollen wir wirklich den Banken unser Geld einfach überlassen, ohne zu wissen, was sie damit machen? Es ist ein Missverständnis zu glauben, dass das Geld in einer Schachtel auf dem Sparkonto liegt, bis wir es selbst brauchen.

8. Viele, wenn nicht gar die meisten Banken sind nicht wählerisch in der Auswahl ihrer Geschäftskunden und Geschäfte. Sie verfolgen mit unserem Geld Zwecke, die nicht im Einklang stehen mit einer nachhaltigen und gesunden Entwicklung unserer Erde. Wollen wir solchen Banken unser Geld wirklich noch geben?

9. Wir können erkennen, dass Banken, die unser Geld investieren, mit unserem Geld wirtschaftliche Zwecke verfolgen, die dem Leben auf der Erde nicht dienlich sind. Das können diese Banken nicht mehr tun, wenn wir ihnen unser Geld nicht mehr geben.

10. Und welchen Sinn macht es außer schnöder Geldmaximierung, mit Aktiengeschäften Gewinne zu erzielen, ohne hinzusehen oder zu wissen, für welche Zwecke diese Aktien stehen? Die meisten Aktien (außer wenige ökologische Aktien) dienen zurzeit nicht einer gesunden Zukunft unserer Erde.

11. Um unser Leben auf der Erde nachhaltig zu bewahren, bleiben uns gegenwärtig nur einige wenige Banken, bei denen wir unser Geld im Einklang mit der Ökologie

anlegen können. In Deutschland sind das zum Beispiel die UmweltBank, die GLS Bank, die EthikBank und wenige andere. Die UmweltBank legt unser Geld als einzige ausschließlich für erneuerbare Energien und ökologische Projekte an und weist das genau nach. Mit 1.000 Euro/Jahr bei der UmweltBank kompensieren wir 262 kg CO_2-Emissionen. Das entspricht etwa einer Autofahrt von Berlin nach München und zurück.

12. Unsere summierten Geldanlagen sind Milliarden von Euro, die wir also im Sinne der gesunden Entwicklung unserer Erde bei den ökologischen Banken einsetzen können. Tun wir das, unterstützen wir damit einen großen Schritt für die Zukunft unserer Erde und für uns Menschen auf dieser Erde. Tun wir es nicht, handeln wir nach dem Motto „Nach mir die Sintflut".

13. Lassen wir uns nicht von herkömmlichen Banken mit moderner Werbung vorgaukeln, dass sie auch ökologische Ziele unterstützen. Geben wir unser Geld lieber Banken oder leihen es uns bei jenen, die wirklich zu 100 % nachhaltig für eine gesunde Zukunft arbeiten.

14. Wollen wir wirklich den Energieversorgern für Strom, Gas und Öl unser Geld einfach überlassen und schon zufrieden sein, wenn die Heizung warm wird und der Strom aus der Steckdose fließt?

15. Wir können erkennen, dass Energieversorger mit unserem Geld wirtschaftliche Zwecke verfolgen, die dem nachhaltigen Leben auf der Erde nicht dienlich sind. Das können diese Energieversorger nicht mehr tun, wenn wir ihnen unser Geld nicht mehr geben.

16. Die meisten Energieversorger fördern mit unserem Geld fossile Brennstoffe, deren Emissionen den Klimawandel verstärken. Deshalb wäre es besser, wenn wir unser Geld nicht mehr diesen Energieversorgern überweisen, um uns nicht mit unserem Geld an der Zerstörung unseres Planeten zu beteiligen.

17. Glücklicherweise gibt es alternative Energieversorger in Deutschland wie NATURSTROM, Greenpeace Energy, LichtBlick, EWS Schönau, die Bürgerwerke und einige andere, die zu 100 % erneuerbare Energien aus Sonne, Wind- und Wasserkraft sowie Biomasse anbieten. Es genügt, sich dort für die Energieversorgung anzumelden, und die lästige Bürokratie des Energieversorger-Wechsels wird vollständig von diesem nachhaltig wirtschaftenden Unternehmen übernommen.

18. Lassen wir uns nicht von den herkömmlichen Energieversorgern mit schöner Werbung und irreführenden EEG-Angaben blenden. Bei einem Energieversorger mit Energieträgermix fördern wir mit unserem Geld auch fossile Brennstoffe oder Atomkraft.

19. Daher ist es verlässlicher, mit dem eigenen Geld bei einem zu 100 % grün und nachhaltig wirtschaftenden Energieversorger Energie einzukaufen, um ein gutes Gewissen bei der Energieversorgung haben zu können. Es ist gut zu wissen, dass grüne Energieversorger mit unserem Geld den Ausbau der erneuerbaren Energien vorantreiben. Oder dass sie zum Beispiel für den Energieverbrauch eines Einfamilienhauses 15 Quadratmeter Regenwald als größten CO_2-Speicher dieser Erde unter Schutz stellen.

20. Das eigene Geld sinnvoll für die Gewinnung erneuerbarer Energien einzusetzen, ist auch dann möglich, wenn das bewohnte Haus oder die Wohnung noch eine Gasheizung oder eine zentrale Ölheizung hat. Der Energieversorgungsvertrag wird dabei mit dem grünen Energieversorger abgeschlossen.

21. Wenn wir ein Haus bauen oder kaufen, wären wir gut beraten, zusätzlich zu einer ökologischen Energieversorgung auf eine optimale Wärmedämmung zu achten.

Verkehr oder Verkehr?

22. Kurze Strecken können wir möglichst immer zu Fuß gehen, weil es viel gesünder ist als diesen kurzen Weg mit dem Auto zu fahren. In der Summe sparen wir damit zudem sehr viel Geld und CO_2-Ausstoß ein.

23. Für mittlere Strecken ist das Fahrrad am besten geeignet. Auch damit halten wir uns fit, behalten weiteres Geld im eigenen Portemonnaie und reduzieren wiederum die CO_2-Emissionen.

24. Wir können durch die Punkte 22 und 23 möglicherweise das Geld für das Fitnesscenter sparen, weil wir uns zu Fuß und mit dem Rad viel an der frischen Luft bewegen. Es wäre im Vergleich dazu absurd, einen weiten Weg mit dem Auto in das Fitnesscenter mit Klimaanlage zu fahren.

25. Die nächste bestmögliche Option unserer Fortbewegung kann der Nahverkehr mit Bussen und Bahnen sein, im Idealfall mit Elektro- oder Wasserstoffantrieb. Unser gemeinsamer Einsatz für günstige Ein-Euro-pro-Tag-Tarife am Beispiel von Wien oder für Nahverkehr gratis am Beispiel von Tallinn/Estland könnte in diesen Zeiten erfolgversprechend sein.

26. In Großstädten sind Autos aufgrund lästiger Staus und fehlender Parkplätze meistens eine Belastung mit erheblichen unnötigen Kosten. Wir könnten auf diese Last namens Auto zum Wohle der Umwelt und des

Geldbeutels am liebsten ganz und gar verzichten, denn in Großstädten gibt es stets einen gut ausgebauten Nahverkehr mit Straßenbahnen, U- oder S-Bahnen.

27. Auf dem Lande ist es für uns sicherlich etwas schwieriger, ohne ein Auto auszukommen. Mit einem gut ausgebauten Nahverkehr sollte es dennoch möglich sein. Zur Not gibt es ja auch noch Taxen, Fahrgemeinschaften, CarSharing oder Elektroautos (natürlich nur mit dem heimischen Ökostrom). Wenn wir den hohen Geldbetrag, den wir insgesamt mit allen Kosten für ein Auto aufzuwenden bereit sind, für all die genannten Optionen bezahlen, geben wir für die Alternativen wohl eher weniger Geld aus.

28. Wer gar nicht auf ein herkömmliches schnödes fossiles Brennstoff-Auto verzichten kann, hat noch die Möglichkeit, diese CO_2-Schleuder jährlich zum Beispiel bei Atmosfair oder bei der Klima-Kollekte zu kompensieren. Für ein Auto können wir etwa 50 Euro, für ein SUV 80 Euro jährlich bezahlen, um damit Maßnahmen der CO_2-Reduzierung in gleicher Höhe an anderer Stelle zu finanzieren.

29. Unser Flugverkehr ist mittlerweile „die Hölle am Himmel", wie DIE ZEIT titelte. Das Fliegen mit Kerosin über den Wolken multipliziert den Treibhaus-Effekt. Je höher das Flugzeug fliegt, desto schädlicher sind dessen CO_2-Emissionen. Die Preise, die wir für unsere Flüge bezahlen, sind absurderweise teilweise so niedrig wie nie zuvor, noch dazu steuerbefreit – ohne Mehrwertsteuer, ohne Kerosinsteuer, ohne CO_2-Steuer. Jährlich

schmelzen nur infolge des Flugverkehrs 6000 Quadratkilometer Meereis in der Arktis, etwa die achtfache Fläche Hamburgs. Auf Flüge weitgehend zu verzichten, wäre ein sinnvoller Schritt. Wir Nutzer haben die Macht: wenn wir wesentlich weniger fliegen und demnach weniger oder gar nichts mehr dafür bezahlen, werden die Fluggesellschaften zwangsläufig weniger Flugzeuge bereitstellen.

30. Falls ein Flug unbedingt nötig und nicht vermeidbar ist, gibt es zum Beispiel bei Atmosfair die Möglichkeit der Kompensation des Fluges entsprechend der genauen Flugdaten. Damit kann der CO_2-Ausstoß in gleicher Höhe an anderer Stelle reduziert werden.

31. Wir Deutschen sind im Sommer 2018 so viel geflogen wie nie zuvor. Laut Statistischem Bundesamt brachen im Sommerflugplan von April bis Oktober 80,5 Millionen Menschen von den deutschen Hauptverkehrsflughäfen zu einer Flugreise auf. Das waren 2,4 Millionen Menschen oder 3,0 % mehr als im Jahr zuvor.

32. Eine vierköpfige Familie, die von Berlin nach Gran Canaria und zurück fliegt, hat einen Anteil von 5.059 Kilogramm am CO_2-Ausstoß des Flugzeugs. Das ist mit einem Familienurlaub gleich so viel, wie 3 bis 4 Menschen anderswo auf der Welt in einem Jahr an CO_2-Emissionen verursachen.

33. Ein Flugzeug fliegt nicht alleine. Wenn keiner von uns mitfliegt, fliegt es nicht.

34. Auch Kreuzfahrtschiffe haben eine katastrophale CO_2-Bilanz. Meistens sind solche Reisen noch mit Flügen kombiniert. Eine typische Kreuzfahrt-Pauschalreise für zwei Personen ab Bangkok verursacht somit etwa 18 Tonnen CO_2-Ausstoß. Dafür könnten 11 Menschen in Thailand ein Jahr klimaverträglich leben. Besser wäre es also, wenn wir solche Reisen grundsätzlich nicht antreten würden. Eine Kompensationszahlung für diese Reise kostet bei Atmosfair 414 Euro.

35. Ein Kreuzfahrtschiff fährt nicht alleine. Wenn keiner von uns mitfährt, fährt es nicht. Darin besteht unsere Macht. Und das ist die simple Logik der Wirtschaft, an der jeder von uns beteiligt ist.

36. Unsere Reisen mit der besten CO_2-Bilanz sind unsere Bahnreisen. Wir können dabei mit zunehmendem Komfort bequemer als im Flugzeug weite Strecken zu akzeptablen Preisen absolvieren. Der Vorteil bei Bahn-Tagesreisen ist, dass wir den Reiseverlauf mit den sich verändernden Landschaften auch wirklich miterleben. Alternativ können wir auch Nachtzüge nutzen, um Zeit zu sparen.

Lebensmittel oder Lebensmittel?

37. Gesund essen und trinken können wir heute auf zweierlei Weise. Zum einen, wenn wir die gesunden Bestandteile der Lebensmittel wie Vitamine, Mineralien u.a. betrachten. Zum anderen, wenn wir auf die durch Herstellung, Transport und Zubereitung der Lebensmittel resultierenden Auswirkungen für den Klimawandel achten.

38. Wir können mit unserem Geld bei unseren Einkäufen bestimmen, was wir kaufen und damit, was hergestellt wird. Denn was nicht gekauft wird, wird auch nicht mehr lange produziert werden.

39. Sinnvollerweise können wir dabei auf kurze Transportwege der Lebensmittel achten, um den CO_2-Ausstoß zu reduzieren. Ein Bio-Apfel, der über Kontinente hinweg transportiert wurde, mag im Innern bio sein, im Ganzen ökologisch ist er nicht mehr.

40. Ideal ist, wenn wir vor Ort direkt beim Erzeuger Lebensmittel der Saison einkaufen.

41. Weniger Fleisch und Milchprodukte zu essen bzw. zu trinken, ist schon deshalb sinnvoll, weil besonders Rinder in der gesamten Produktionskette einen drastisch hohen CO_2-Ausstoß verursachen.

42. Wenn wir weniger Fleisch und Milchprodukte kaufen oder ganz darauf verzichten, werden also weniger Fleisch und Milchprodukte produziert und die Erde ist

wieder ein großes Stück entlastet. Auch unserer persönlichen Gesundheit wird die Reduzierung oder der Verzicht gut tun.

Kaufen oder kaufen?

43. Bei unserem Konsum entscheiden wir mit unserem Geld darüber, was (sinnvoller- oder unnötigerweise) hergestellt wird und wieviel CO_2 bei Produktion, Transport, Betrieb und Entsorgung ausgestoßen wird.

44. Mit dem Kauf von häufig aus ferner Welt importierten Einwegartikeln, die meistens aus Plastik sind, oder Produkten wie etwa Kleidung oder Elektronik-Artikeln mit kurzfristiger Haltbarkeit schaden wir der Umwelt. Über deren äußerst schlechte CO_2-Bilanz denken wir beim Kauf oft nicht nach.

45. Mit jedem Produkt dieser Art, für das wir unser Geld nicht ausgeben, tragen wir zur Verbesserung unserer Erde bei.

46. Wir können stattdessen lieber fair, regional und nachhaltig produzierte Waren kaufen, die in der Herstellung, dem Transport und der Verwendung ökologisch sinnvoll sind. Diese Artikel sind dann meistens lange Zeit haltbar. Oder wir kaufen oder verschenken etwas „gebraucht wie neu" und reparieren mehr, um unnötiges Produzieren zu vermeiden.

Bewusst leben

47. Falls wir die bisher genannten Punkte, wie wir unser Geld ausgeben, in unserem Leben bewusst berücksichtigen, leisten wir schon einen großen Beitrag zum Bremsen des Klimawandels. Damit setzen wir uns für die Bewahrung der Erde und für ein nachhaltig ökologisches Leben ein.

48. Unser Leben auf diese Weise bewusst zu gestalten, kann uns zudem Lebenssinn vermitteln und eine Sensibilität für die Erde als Schöpfung, die auf etwas Größeres hinweist, als wir Menschen es auf dieser Erde sind.

49. Wenn in diesem Text häufig vom Sparen die Rede ist, dann kann uns das auch zeigen, dass die schönsten Erlebnisse im Leben nicht mit Geld zu kaufen sind und auch kein Geld kosten: die Liebe zu den Menschen und zur Natur mit ihren Tieren und Pflanzen, Bewegung an der frischen Luft, das Spielen mit Kindern, Begegnungen mit Freunden und vieles mehr.

Verantwortung übernehmen, Engagement zeigen und Politik gestalten

50. Wenn alle Menschen so lebten wie wir Europäer, wären etwa drei Erden notwendig, um den Ressourcenverbrauch nachhaltig zu ermöglichen.

51. Und wenn wir uns noch dazu klar machen, dass 8 % der Menschen, zu denen wir gehören, 92 % der Energie auf dieser Erde verbrauchen, erkennen wir sofort, welche Verantwortung wir für diese Erde und das Weiterleben der Menschen auf dieser Erde haben.

52. Das bedeutet gleichzeitig, dass 8 % der Menschheit auf dieser Erde 92 % der Verantwortung für den menschengemachten und bedrohlichen Klimawandel zu tragen haben.

53. Die beste Antwort auf den Klimawandel ist demnach: Verantwortung übernehmen, Engagement zeigen und Politik für den Klimaschutz gestalten. Jeder Mensch, der sich daran beteiligt, ist ein Gewinn für unsere Erde.

54. Klimaschutz-Politik kann bedeuten, dass wir für die in diesem Text genannten Punkte in den Bereichen Energie, Industrie, Verkehr, Bau, Landwirtschaft und Bankwesen die Rahmenbedingungen schaffen, damit wir eine gemeinsame Zukunft mit den anderen Ländern dieser Welt auf dieser einen Erde haben.

55. Sofortige Klimaschutz- und Klimanotstand-Weichenstellungen können sein:

- Umsetzung und Einhaltung des Pariser Klimaschutzabkommens und der Beschlüsse von Kattowitz: mit dem Ziel der Begrenzung der Erderwärmung bei 1,5 °C
- schneller Ausbau der erneuerbaren Energien
- Kohle-Ausstieg bis 2030
- Einführung einer CO_2-Steuer mit sozialem Ausgleich
- Ende der Subventionen für CO_2-intensive Industrien
- Video-Konferenzen statt Geschäftsreisen
- Maßnahmen gegen klimaschädlichen Lobbyismus
- Marktpreise sollen die Kosten der Umwelt- und Klimaschädigung der Produkte enthalten
- Aufhebung der Steuerbefreiung für Flugzeug- und Kreuzfahrtschiff-Treibstoffe und Einschränkung des Inland-Flugverkehrs
- weltweite Autobahn-Tempolimits: Deutschland und wenige andere Länder fehlen noch
- Ausbau eines kostenlosen Nahverkehrs und Schaffung verkehrsberuhigter Innenstädte mit Vorrang für Fußgänger und Radfahrer
- klimaneutrales Bauen und Energie-Effizienz
- ökologische Landwirtschaft, Erhalt der Artenvielfalt und Tierschutz
- Transparenz der Nachhaltigkeit von Geldanlagen

Nachwort

Welche Freiheit wollen wir schützen?

Viele Klimaschutz-Bremser in Industrie, Lobbyismus, Politik und Journalismus bedienen sich nun schon seit Jahrzehnten ach so beliebter negativer Umwelt- und Klimaschutz-Klischees und stellen diesen die ganz große Freiheit des Bürgers und die Freiheit der Gesellschaft gegenüber. Dafür nehmen sie sich auch schon mal die Freiheit, etwas falsch darzustellen. Schon vor neun Jahren war der Veggieday eine Empfehlung, kein Verbot. In etlichen Klimaschutz-Forderungen geht es lediglich darum, dass derjenige mehr bezahlt, der mehr Umweltschaden verursacht. Das ist gerecht! Und um welche Freiheit geht es den Lobbyisten und Polemikern eigentlich? Etwa um die Freiheit privilegierter Viel-Flieger und achtloser Billig-Flieger? Und der Rest der Welt soll dann die Folgen des Klimawandels ertragen? Das ist ungerecht! In unserem Rechtsstaat schafft manche gesetzliche Rahmenbedingung erst unsere persönliche Freiheit, zum Beispiel die Freiheit, mit sauberer Luft und sauberem Wasser gesund leben zu können. Das FCKW-Verbot hat die Ozonschicht auf den Weg der Besserung gebracht. Ohne das Rauchverbot in Gaststätten müsste die gesund lebende Mehrheit immer noch passiv mitrauchen. Welche Freiheit wollen wir eigentlich schützen? Die des Leugners? Die des Verantwortungslosen? Die des Umweltverschmutzers? Nein, das kann und darf nicht wahr sein! Deshalb ist es wichtig, jenen, die so ignorant und anmaßend die Freiheitsstatue vor sich her tragen, genau diese Frage zu stellen: welche Freiheit wollen wir schützen und welche nicht?

Literaturhinweise

S. Rahmstorf, H.J. Schellnhuber, Der Klimawandel, 2018

H.J. Schellnhuber, Selbstverbrennung – Die fatale Dreiecksbeziehung zwischen Klima, Mensch und Kohlenstoff, 2015

H. Lesch, K. Kamphausen, Wenn nicht jetzt, wann dann? – Handeln für eine Welt, in der wir leben wollen, 2018

H. Lesch, K. Kamphausen, Die Menschheit schafft sich ab – Die Erde im Griff des Anthropozän, 2018

Papst Franziskus, Enzyklika Laudato si' von Papst Franziskus für das gemeinsame Haus, 2015

H. Gaisbauer, L. Leitl, Ein Brief für die Welt – Die Enzyklika Laudato si von Papst Franziskus für Kinder erklärt, 2017

Brot für die Welt, Was kann ich tun? – Zukunft fair teilen, 2017

Brot für die Welt, Teste Deinen ökologischen Fußabdruck auf www.fussabdruck.de, 2017

Atmosfair, Nachdenken. Klimabewusst reisen, 2019

N. Klein, Die Entscheidung Kapitalismus vs. Klima, 2015

K. Raworth, Die Donut-Ökonomie, Endlich ein Wirtschaftsmodell, das den Planeten nicht zerstört, 2018

F. Ekardt, Jahrhundertaufgabe Energiewende – Ein Handbuch, 2014

C.-P. Hutter, Die Erde rechnet ab – Wie der Klimawandel unser tägliches Leben verändert und was wir noch tun können, 2018

A. Schlumberger, 50 einfache Dinge, die Sie tun können, um die Welt zu retten und wie Sie dabei Geld sparen, 2015

I. Koglin, M. Rohde, Und jetzt retten wir die Welt! – Wie du die Veränderung wirst, die du dir wünschst. Das Handbuch für Idealisten und Querdenker, 2016

M. Kopatz / Bundeszentrale für politische Bildung, Ökoroutine – Damit wir tun, was wir für richtig halten, 2018

J. Matthée, Tipps für Eltern von A bis Z – Ein kleines Erziehungsratgeber-Lexikon, 2014

H. A. Pestalozzi, Nach uns die Zukunft – Von der positiven Subversion, 1980

Atlas der Globalisierung – Weniger wird mehr, Le Monde diplomatique, 2015

Öko sind wir erst, wenn wir alle tot sind! – Das Öko-Update, Taz Futurzwei, 5/2018

Bloß nicht hinwerfen! – Wie wir alle für unsere fragile Welt Verantwortung übernehmen können. Und mit kleinen Dingen Großes bewirken, Greenpeace Magazin, 6/2018

Global Footprint Network, National Footprint Accounts, 2016

CO_2-Ziele – Von wegen Klimaweltmeister!, Bank & Umwelt, Das Magazin der UmweltBank, 2018

Danke für nichts. 23-Jährige über Klima-Versagen, L. Puttfarcken, Spiegel Online, 2018

Die Hölle am Himmel, DIE ZEIT, Dossier-Titelthema, 2018

Ist das noch Wetter oder schon Klima?, ZEIT-Wissen, 2018

Weltklimarat IPCC-Sonderbericht zum Klimawandel, ZEIT Online, 2018

Wenn Klimaforscher die Welt regieren würden, ZEIT Online, 2018

Globale Klimakrise. Gretas Aufstand, Spiegel Online, 2018

NOMINIERUNG FÜR DEN INDIE-AUTOR-PREIS DER LEIPZIGER BUCHMESSE 2015

Die Tipps für Eltern von A bis Z bringen auf den Punkt, worauf es in der Erziehung von Kindern ankommt.

Für Eltern, die nicht mehrere Bücher zu verschiedenen Themen lesen wollen, sondern das Wesentliche zur Erziehung in einem Taschenbuch.

Empfehlenswert auch für alle, die mal Eltern werden wollen oder in Ausbildung oder Beruf mit Erziehungsfragen zu tun haben.